爱皮革

从新手到达人

质感皮具轻松做

享受手缝皮具带来的乐趣

◎沈洁 著

◎周科 摄影

U0283490

江苏凤凰科学技术出版社

图书在版编目（CIP）数据

爱皮革 ：质感皮具轻松做 / 沈洁著 . -- 南京 ：江苏凤凰科学技术出版社，2017.1
ISBN 978-7-5537-7325-4

Ⅰ．①爱… Ⅱ．①沈… Ⅲ．①皮革制品－手工艺品－制作 Ⅳ．①TS973.5

中国版本图书馆 CIP 数据核字（2016）第248804号

爱皮革 质感皮具轻松做

著　　　者	沈　洁	
项 目 策 划	凤凰空间/郑亚男　　张　群	
责 任 编 辑	刘屹立	
特 约 编 辑	张　群	

出 版 发 行	凤凰出版传媒股份有限公司 江苏凤凰科学技术出版社
出版社地址	南京市湖南路1号A楼，邮编：210009
出版社网址	http://www.pspress.cn
总 经 销	天津凤凰空间文化传媒有限公司
总经销网址	http://www.ifengspace.cn
经 　 销	全国新华书店
印 　 刷	北京博海升彩色印刷有限公司

开 　 本	710 mm×1000 mm 1 / 16
印 　 张	7
字 　 数	56 000
版 　 次	2017年1月第1版
印 　 次	2017年1月第1次印刷

标 准 书 号	ISBN 978-7-5537-7325-4
定 　 价	46.80元

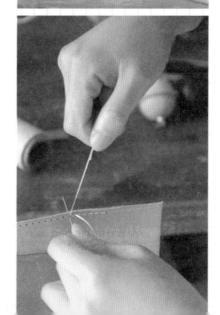

爱皮革 —— 质感皮具轻松做

前言

2011年的夏天，我在网上买了些小碎皮、一把菱斩、一个橡胶锤，便开始给自己制作一些皮革的小东西。没有裁皮刀就用直尺比着用美工刀切割；没有划线器就用直尺量好距离，用锥子划线；没有边缘处理剂就用十字交叉法缝线，省去了处理边缘的步骤。尽管做出的作品不能每次都尽善尽美，但是能把自己脑海中的想法变成现实，对我而言已经是一种享受。

逐渐地，做的皮具越来越多，手艺也越来越熟练，制作的作品慢慢开始出售，但是相比日复一日地制作同一款式的皮革钱包或者笔袋，我更爱用牛皮做一些天马行空、稀奇古怪的小玩意儿，比如一枚戒指、一支笔帽、一个鼠标垫，甚至可以是一个哆啦A梦的皮铃铛，这大概也是制作手工皮具真正美好的地方吧！

2012年的时候，我在自己的工作室里开设了制作皮具的课程。希望能把一些经验分享给更多爱皮革的小伙伴们，让更多人能领略到手缝皮革的乐趣。花一下午的时间，从选择合适的牛皮剪裁，到缝制，再到完成。就像昔日的匠人一般，敲敲打打、缝缝补补，专注于手中的一刀一笔、一针一线，每一步都精雕细琢，长时间制作使得手心的滴滴汗珠渗透到皮革里，仿佛给手中的皮革注入一丝灵魂，并且经过岁月的洗礼和使用者的触摸，原本裸肤色的皮革会变得油亮，色泽也会逐渐变深至琥珀色，散发出迷人的韵味。

手缝皮具拥有迷人的魅力，然而要想做出理想的作品，还是需要掌握一些必要的技巧才行。因此，我将制作皮具的基本步骤以及各种工具的使用方法用手绘的形式表现出来，希望能化难为易，让皮友们一目了然，轻松做出属于自己的手工皮具。

愿以此书献给那些和我一样，对自然、对生活保持着热情的朋友们！

2016年10月

目 录
CONTENTS

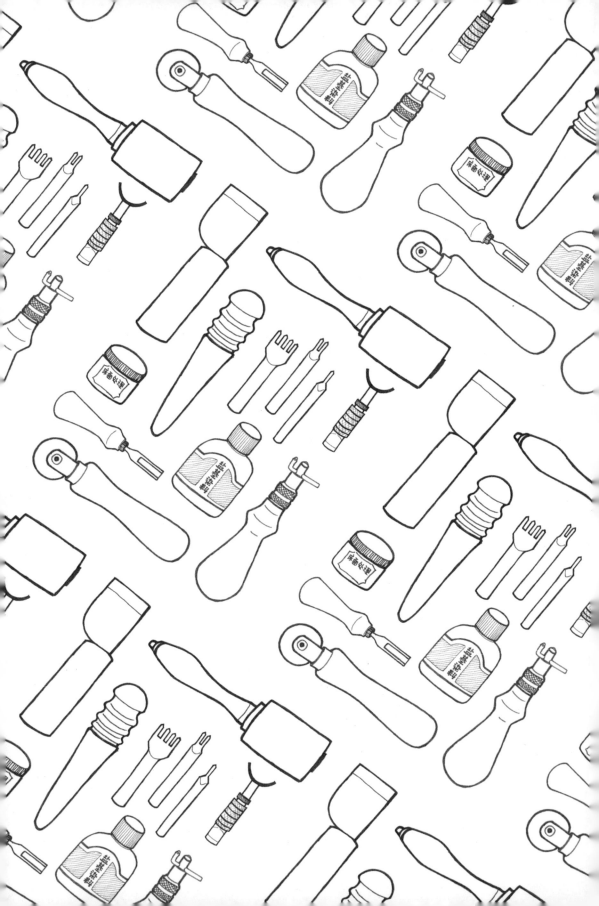

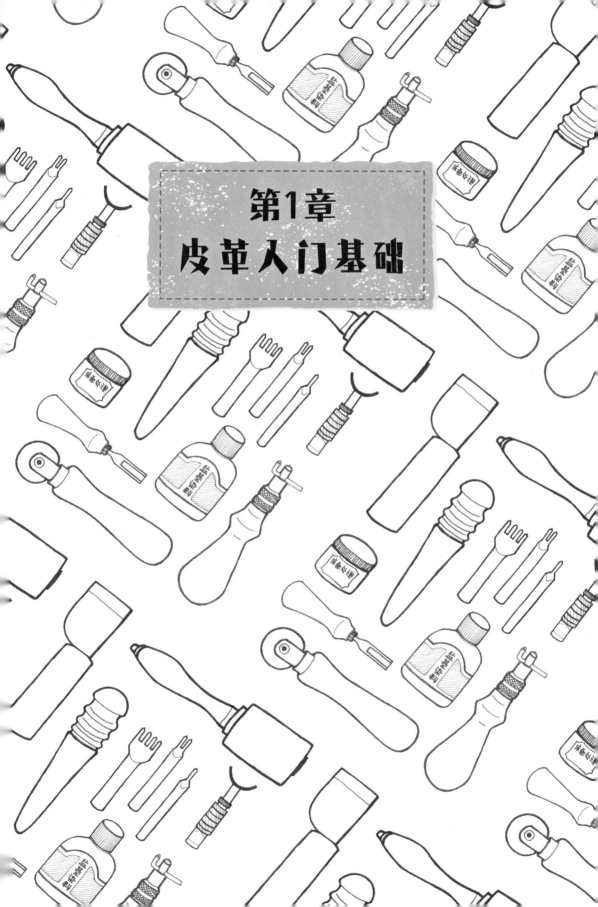

第1章
皮革入门基础

爱皮革—— 质感皮具轻松做

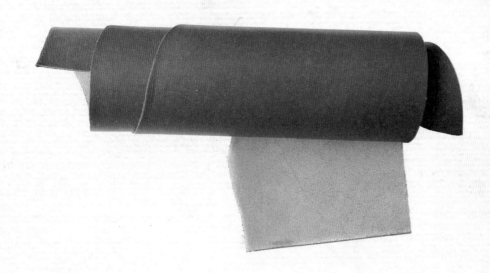

本书使用的皮革

植鞣革
主要使用植物鞣剂进行主鞣制得到的一类皮革产品。也称皮雕皮、树膏（糕）皮、带革，颜色为未染色的本色。

植鞣革的特点
纤维组织紧实，延伸性小，成型性好，板面丰满，富有弹性，无油腻感，革的粒面、绒面有光泽，吸水易变软，可塑性强，容易整形，颜色会随时间推移从本色的浅肉粉色渐变到淡褐色，最适合做皮雕工艺。

植鞣革的保存
1.皮革遇潮湿易生霉菌，故长期保存，最重要的是存放在干燥的地方；
2.皮革上沾了灰尘，可以用软布或刷子轻轻擦去；
3.雕刻的植鞣革长时间不用的部分需用深色纸张（牛皮纸）包好，放在干燥通风的地方，不要见到日光才会不易变色；
4.注意减少植鞣革的摩擦，否则会导致皮面发乌，多张皮之间用纸隔开。

皮革保养
皮革越用越柔软和富有光泽，平常只需拿干净软布擦拭表面灰尘脏污并用牛角油涂抹保护，收纳于通风良好的地方，注意防潮即可。

皮革的裁切方式及各部分名称

背部和肩部是皮质最好的部位，纤维紧密、硬挺结实、耐拉伸、皮面光滑无褶皱。因此，最适合做箱包这种大型皮具的主体。又因其耐拉伸的特性，也是做肩带、腰带、提手的理想皮料。

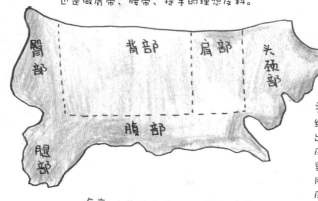

臀部和腿部的皮革质地及处理方式与头颈部相似。

头颈部位的皮革纤维松软，薄厚不均，易出现褶皱。与腹部的牛皮一样，可以削薄作为里皮，或者裁成小块使用。裁切时，应根据牛皮纤维的方向，避开褶皱处裁切。

腹部皮革纤维较松软，不耐拉伸，适合根据纹理走向裁剪成小块，作为零配件使用，如钱包夹层、不受力皮面装饰物等。

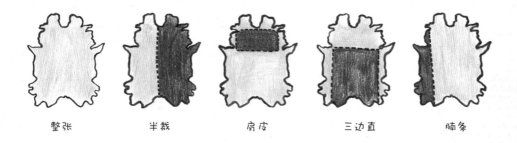

| 整张 | 半裁 | 肩皮 | 三边直 | 腩条 |

瑕疵

皮革取自动物，受到自然生长环境影响，不可避免地会有伤疤、孔洞、生长纹、虫眼等瑕疵。虽说是瑕疵，但是在我看来，正是由于这些天然瑕疵的不可控性，以及不可复制性，让它产生了自身独特的韵味，如果能合理利用的话，更能展现出皮革原始粗犷的美。

| 生长纹 | 孔洞 | 褶皱 | 伤疤／虫眼 |

皮革面积的计量单位和换算规则

一般来说，国内及欧洲进口皮革的面积单位是平方英尺（square foot，简称"sf"），也叫"大才"，我国港台地区使用的面积单位是平方港尺，也叫"小才"，而日本使用的面积单位是平方分米（dm）和平方米（㎡）。

1大才＝1平方英尺≈30cm × 30cm
1小才＝1平方港尺≈25cm × 25cm
1dm ＝10cm × 10cm
1㎡ ＝100cm × 100cm

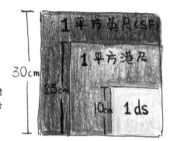

皮革无论整张的还是裁开的，都是不规则的形状。购买时要看清各部位的名称、裁切方法以及使用的面积单位，这样才能买到令人满意的皮革。

皮革测量方法

由于天然的牛皮都是不规则的，所以计量方式并不是常规的"长×宽"的方式，而是先量出最小面积和最大面积，然后折中计量。而如何折中计量，大多依据测算者对整张牛皮使用面积的评估决定，因此数值会有所浮动。

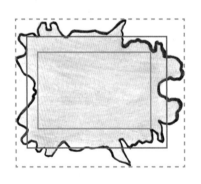
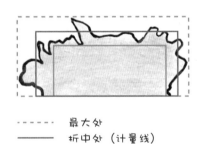

----- 最大处
———— 折中处（计量线）
———— 最小处

英尺计量方式
牛皮面积(平方英尺)＝折中处的长（米）× 宽（米）÷0.09

港尺计量方式
牛皮面积（平方港尺）＝折中处的长（米）× 宽（米）÷0.0625

光滑有光泽的一面是正面，一般叫作皮面。

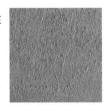
粗糙起毛的一面是背面，一般称为肉面或者床面。

基本制作步骤

虽然不同款式的皮具制作步骤不尽相同，但是贯穿整个制作过程的思路是一样的。

针对皮革的预处理

1 打版

首先要打版，制作纸型。

2 切割

按照制作好的纸型裁切，不容易出现尺寸上的失误。

3 印花

染色前印花，可以防止印花模具沾上染料污染下一块皮面。

4 染色

印花后再染色，能更好地强调其高光及阴影，使图案更立体，更生动。

5 皮面处理

染色之后，就得马上进行固色及防污处理。

6 床面及边缘处理

处理完皮面，接着处理床面及部分边缘。

上面几个步骤，我把它们称为"针对皮革的预处理"阶段。只有这些都处理完毕，才可以进行下一步的"组合成型"阶段哦。

组合成型

7 安装五金配件

8 粘贴缝合

先安装五金配件，然后粘贴缝合。如果先缝合，要想在特定的皮面上打孔会变得困难，可能会失误打穿下一层的皮革，或者会在下层皮面上留下敲击痕迹。因此步骤7、步骤8可以算是制作皮具中最费脑细胞的工序了，必须合理安排每一片牛皮的缝合顺序。

9 封边和皮面清洁

每缝合完一条边，需要及时将这条边进行封边处理。然后再进行下一条边的缝合。最后对皮面进行整体清洁。

爱皮革 —— 质感皮具轻松做

厚纸板

白纸

直角尺　　美工刀

为什么要制作纸型？

因为纸要比牛皮便宜啊！纸裁坏了可以换一张重新做，但是牛皮裁坏了，那可就没法挽救了。所以，精确的纸型对制作皮具来说至关重要。如果不希望自己做出的皮具缺头少尾，那就从细心制作纸型开始吧！

纸型制作方法

1.在普通白纸上画出要制作的皮具的纸型图案（如果使用本书后面附带的纸型，这一步可以省略）。

2.将白纸粘贴到厚纸板上，粘贴时可以将白纸从中央卷曲，将中央部分先粘贴到纸板上，然后再向四周抚平。

3.按照纸型的轮廓，用美工刀将厚纸板切割出来。

4.剪裁完之后，可以用砂纸把纸板边缘打磨光滑。

选择合适的裁切工具

	直线裁切工具	曲线裁切工具
薄牛皮 软牛皮 厚度1.2mm以下		
中等厚度的牛皮 厚度1.2～1.8mm	或	或
厚牛皮 硬挺牛皮 厚度1.8mm以上		

裁皮刀

用来裁切较厚的牛皮。也可以用来削薄牛皮。经过打磨可以反复使用。

皮革剪刀

用来剪裁较薄的牛皮。

切割垫板

切割的时候垫在牛皮下面可以保护刀具和桌面不受损伤，延长刀具的使用寿命。

直角尺

用来辅助美工刀切割直线。

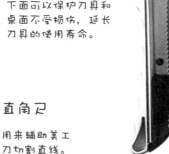

美工刀

用来裁切较薄或中等厚度的牛皮。金属手柄的美工刀重量更重一些，运刀的时候更平稳。

美工刀的握法

将牛皮平铺在垫板上，左手用直尺压住牛皮，右手拿美工刀，沿着直尺的边缘，用力笔直地切下。

较厚的牛皮由于其韧性较强，可能一次切不断，需要反复切割，因此，在切割的时候要注意防止直尺移位。

裁皮刀的握法

将牛皮平铺在垫板上，左手压住牛皮，右手拿裁皮刀，刀刃正面向内，大拇指抵住手柄，以增加握刀的稳定性。刀刃的前端刻进牛皮，尾端略微抬起，朝身体方向裁切。皮革越薄，尾端抬起的角度越小；皮革越厚，尾端抬起的角度应越大，这样更利于裁切。

握刀时，刀柄略向右倾斜，使刀刃垂直于皮面。

裁皮刀的裁切技巧

边角裁切

曲线裁切

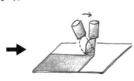

将裁刀沿直线裁切，当刀刃尾部与转角对齐时，用裁刀像铡刀一样将牛皮切断。然后转动牛皮，开始裁切下一条边。

切割弧线的时候，应该沿着圆弧切线的位置分多次裁切。

裁皮刀的保养

磨刀前应先将磨刀石浸泡在水中，让其充分吸收水分。

刀刃面朝下，调整角度，使刀刃可以全部贴合磨刀石。

保持好角度，在磨刀石面上来回磨。直到背面出现毛刺，然后翻过来，将毛刺轻轻磨掉。

裁切牛皮的步骤

---- 第一步 复制纸型 ----

定位

将制作好的纸型平铺在牛皮皮面（正面）。可以用重物（如秤砣、铁镇、熨斗等）压着以免划线时移位。

划线

用圆锥沿着纸型的边缘，画出清晰准确的线条。较软线条画不直的话，可以用直尺压着纸型划线。

检查确认

细心检查一下是否已经完全按照纸型划好线条。确认无误后移除纸型。

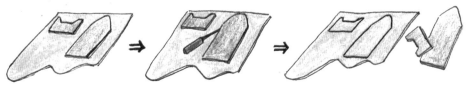

---- 第二步 粗略剪裁 ----

划粗裁线

沿着纸型线的外侧5mm处划出粗裁线。为方便裁切，圆角部分及凹陷部分都切成直线。

粗裁

沿着粗裁线，用裁皮刀裁切。

粗裁完成

粗裁好的皮革。

---- 第三步 正式裁切 ----

正式裁切

沿着裁切线，用裁皮刀裁切。

裁切完成

正式裁切好的皮革。如果皮革有镂空的部分，在正式裁切的时候也要一起裁切出来。

皮革印花

皮革印花的工具

橡胶锤　　吸水海绵　　压擦器　　　　　　　　　旋转刻刀

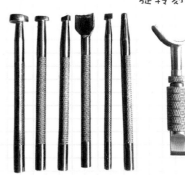

透明描图纸

常用的印花图案

打边工具 B701	阴影工具 P206	阴影工具 P217	背景工具 A104	旭日工具 V707	花瓣工具 C431	圆豆工具 S706	驴蹄工具 U853

使用旋转刻刀

用食指压住旋转
刻刀的顶部指按，
拇指与中指、无名
指配合，握住刀
身旋转的部分。
通过转动刀身
来控制运刀
的方向。
手腕轻贴桌面，以保持手的稳定性。

运刀的时候，刀刃前端陷入牛皮 1mm 的深度，
刀刃尾部略向上抬起，使刀身向前倾斜。

使用印花工具

左手握住印花工具的手柄，使之垂直
于皮面。右手用橡胶锤敲击印花工具
尾部。可以根据印花图案的不同来调
节印花工具向前或向后倾斜。

皮革印花的步骤

第一步 描图

1.将透明的描图纸覆在图案上，用铅笔描绘下来。

2.用海绵将牛皮擦湿。

3.然后，把描图纸覆在湿润的牛皮上，用压擦器将图案描到皮革上。

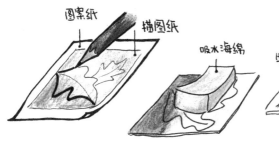
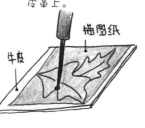

第二步 雕刻图案

用旋转刻刀将线条一一雕刻出来。雕刻深度在1mm左右。

可以先从比较平滑流畅的线条开始雕刻，最后再雕刻复杂的细部。两条线的交接处要留有空隙。

第三步 印花

打边工具B200或B701

打边工具通常呈斜面，将高的一边紧贴轮廓线打印，就可以制造出深浅的阴影，让线条凸显出来。

阴影红具P206

阴影工具呈水滴形，可以根据图案的形状调整阴影工具的敲打方向。

第四步 雕刻装饰线条

最后，用旋转雕刻刀将叶脉等装饰线条雕刻出来。

雕刻完成。

油染之后，层次变得更分明。

019

组合印花

组合印花的步骤

第一步

湿润牛皮，在牛皮的正中位置划一条中线作为基准线。

第二步

将印花工具对准基准线正中位置，打出第一个印花。

第三步

在第一个印花的两旁，接着用印花工具打出一连串首尾相连的印花图案。

第四步

第一排印花打完后，采用同样的方式，在上半部分的皮面上打出连续的印花图案。

第五步

最后，将整个皮面都打满连续的印花图案。

印花后染色

防染膏

油质染料

棉布

笔刷

印花后染色技巧

棉布

1.用棉布蘸取适量防染乳液，均匀地涂抹到雕刻好的皮革表面。

2.涂抹油质染料。用笔刷多蘸些油质染料，涂抹到雕刻好的皮面上。凹陷沟槽部分用笔尖重点涂抹，确保油质染料渗进沟槽里面。

干燥的棉布

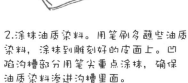
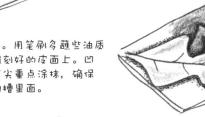

3.油性染料在牛皮上保留的时间越长，染出来的颜色越深。因此，趁染料没干的时候，用干燥的棉布将凸起部分的油料擦拭干净，细节部位也要细细擦拭，直到明暗对比达到自己满意的效果。

常规染色

酒精染料

颜色比较深，可以通过加兑不同比例的水或酒精来调节颜色的深浅。

缺点是：使用酒精染料染色后，皮革会变得干涩僵硬，需要后续涂抹皮革保养油（如貂油），使牛皮恢复柔软的质地。

盐基染料

颜色鲜艳明亮，色彩丰富，浓度非常高，可以根据自己的需求兑水使用。

缺点是：易褪色，大约一年后逐渐开始褪色。染色后同样需要涂抹貂油保养。

油质染料

油质染料分两种：液体油染和仿古染膏。仿古染膏一般是给皮雕作品增加阴影效果用的，也可以给素面作品增加古旧的效果，但不适合单独染色。

油染颜色的深浅取决于染料停留在牛皮表面的时间，时间越长，颜色越深。因此，在染色的时候要及时推开染料，防止染料长时间堆积。

酒精 / 盐基染料 染色工具

羊毛球

棉布

防染乳液

海绵

油质染料 染色工具

牛角油

棉布球

022

酒精和盐基染料染色技巧

1.用海绵在皮革表面擦拭，使牛皮吸水湿润。

吸水海绵

2.盐基染料和酒精染料都可以通过兑水或者酒精的方法来稀释。稀释比例大约为 1∶1。

可以视效果适量增大或减小比例。因为盐基染料与酒精染料化学成分不同，所以不可以互相混合。

水 / 酒精
盐基染料 / 酒精染料

3.用羊毛球蘸取配制好的染料，先横向刷一遍，然后再纵向刷一遍。重复这个过程，直到上色均匀。漫无方向乱刷一气容易上色不均。

4.最后用棉布蘸取定色乳液，均匀涂布。

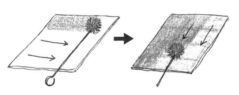

棉布

蘸定色乳液

油质染料染色技巧

1.按照一份牛角油、五份油质染料的比例配制染液。

油质染料
牛角油

2.用棉布球蘸取配制好的染液，以画圈的方式涂满整块皮面。油质染料颜色的深浅取决于染料在皮革上留存的时间。因此，要想染色均匀的话，应及时推开染料，防止染料在皮面上堆积。

3.染色顺序是：先中间画圈涂染，后四边直线反复涂染。

床面及边缘处理

磨边棒

海绵

研磨片

削边器

床面处理剂

床面处理

1.按照1gCMC粉末兑50mL水的比例配制CMC溶液。静置3～5小时，使之充分溶解。

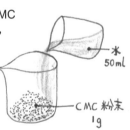

水 50ml

CMC 粉末 1g

2.用海绵蘸取CMC溶液（或者是床面处理剂）均匀涂抹于皮革床面（背面）。

3.将磨边棒垂直于皮面，较大的一头朝下，以画圈方式将粗糙的床面压紧实。

边缘处理的步骤

粗磨边缘  初步抛光 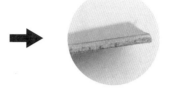 细致抛光

1.粗磨边缘

用砂纸打磨条反复打磨皮边。

将削边器刀口抵住皮革边缘，以斜45°角向前推，使边缘呈现圆弧状为佳。

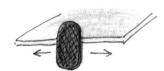

2.初步抛光

用湿润海绵将皮革边缘打湿。

选择磨边棒上比皮革厚度略大的凹槽，反复打磨，直到皮边光滑无毛糙。

←湿润的海绵
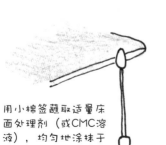

3.细致抛光

用小棉签蘸取适量床面处理剂（或CMC溶液），均匀地涂抹于边缘。

继续用磨边棒打磨，直到边缘透亮光滑，出现油蜡的光泽为止。

安装五金配件·四合扣

橡胶锤

金属底座

四合扣安装模具

模具① 模具②

四合扣

A1　　A2

B1　　B2

如何安装四合扣

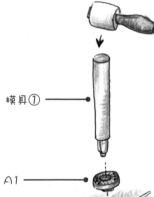

在金属底座上选择比扣面略大的凹槽。按照图示顺序安装四合扣，选择对应的模具，用橡胶锤敲击固定。

模具①

A1

皮革肉面朝上

金属底座

A2

敲击垫板

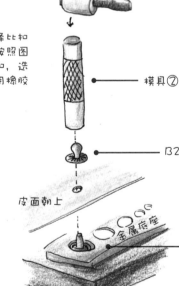

模具②

B2

皮面朝上

金属底座

B1

敲击垫板

026

安装五金配件·牛仔扣

牛仔扣安装模具

牛仔扣

A1   A2

橡胶锤

金属底座

B1   B2

如何安装牛仔扣

安装模具

在金属底座上选择比扣面略大的凹槽。按照图示顺序安装牛仔扣，选择对应的模具，用橡胶锤敲击固定。

A1

皮革肉面朝上

金属底座

A2

敲击垫板

安装模具

B1

皮面朝上

金属底座

B2

敲击垫板

安装五金配件·财布扣

牛仔扣安装模具

财布扣

橡胶锤

金属底座

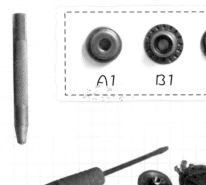

A1　　B1　　B2

如何安装财布扣

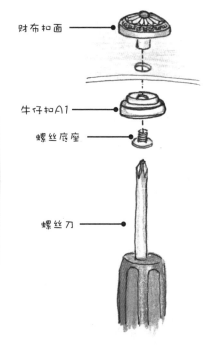

财布扣面

牛仔扣A1

螺丝底座

螺丝刀

财布扣可以用来替代牛仔扣的按钮部分(部件A)。只需要按照左图的图示顺序安装好财布扣的扣面。

部件B的做法与牛仔扣相同。

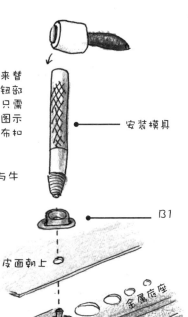

安装模具

B1

皮面朝上

金属底座

B2

敲击垫板

028

安装五金配件·铆钉

橡胶锤

金属底座

铆钉安装模具

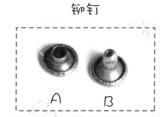

铆钉

A   B

如何安装铆钉

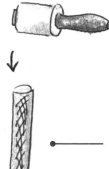

在金属底座上选择比扣面略大的凹槽。按照图示顺序安装铆钉，选择对应的模具，用橡胶锤敲击固定。

铆钉安装模具

A

金属底座

B

敲击垫板

安装五金配件·气孔

爱皮革 —— 质感皮具轻松做

橡胶锤

气孔安装模具

气孔

金属底座

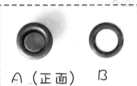

A（正面）   B

A（反面）   B

如何安装气孔

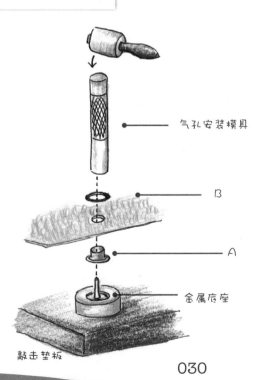

气孔安装模具

B

A

金属底座

敲击垫板

将气孔部件A正面朝下扣在金属底座上。然后按照左图顺序将打好孔的牛皮以及气孔部件B安装好，用橡胶锤敲击气孔安装模具进行固定。

安装五金配件·奶嘴钉

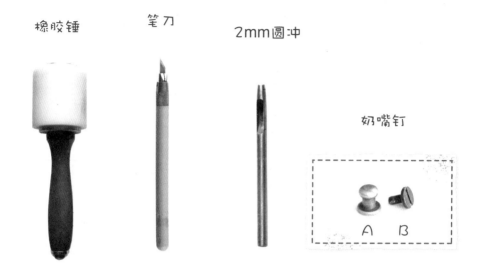

橡胶锤　　　　笔刀　　　　2mm圆冲

奶嘴钉

A　　B

如何安装奶嘴钉

1.用冲子在皮革上打孔，按照图示顺序安装好奶嘴钉，背面用螺丝刀拧紧。

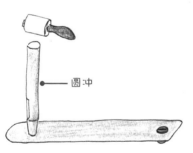

圆冲

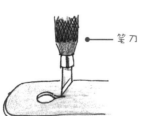

笔刀

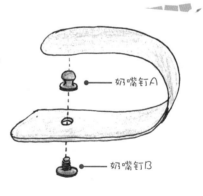

奶嘴钉A

奶嘴钉B

2.扣住奶嘴钉的皮面，用直径略小于奶嘴钉的圆冲打孔。

3.用笔刀或者一字斩在圆孔中央往里划出一条3～4mm长的口。

安装五金配件·磁铁扣

爱皮革 —— 质感皮具轻松做

橡胶锤　　笔刀　　双线斩

磁铁扣

A2　　B2

A1　　B1

如何安装磁铁扣

1.在要安装磁铁扣的位置，用双线斩或者笔刀切出两条短槽。

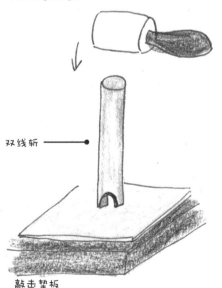

双线斩 →

敲击垫板

2.将磁铁扣A1的两腿插进短槽中。

3.把牛皮翻到背面，将磁铁扣A2扣到A1的两脚上。

4.用橡胶锤将磁铁扣的两脚往两边敲，使之夹紧固定。

5.按照安装磁铁扣A的方法，将磁铁扣B安装到皮革上。

安装五金配件·拉链

橡胶锤

笔刀

圆斩

拉链

白胶与抹胶片

半圆斩

如何安装拉链

1.选择合适长度的拉链。在皮革上用半圆斩和笔刀将安装拉链的位置挖空。

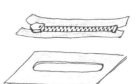

2.在皮革上打出缝线的针孔。针孔距离皮边约2mm。

3.将拉链正面朝下，用白胶粘贴在牛皮背面。

4.沿着打好的针孔，用直线缝饰法缝制完毕。

黏 合

爱皮革—— 质感皮具轻松做

研磨片　　　白胶与抹胶片

缊边器

如何黏合皮革

1.用砂纸将要粘贴的皮面部分磨毛，以便粘贴得更紧密。磨毛的宽度大约5mm。

2.用抹胶片蘸取白胶，均匀涂抹在打毛的部位。如涂抹太厚的话，粘贴的时候会溢出来污染皮面，因此薄薄地涂一层就可以。

3.先对齐一条边，粘上。然后再抚平另外两条边。粘贴的时候，边缘要尽可能地对齐，以便后续进行边缘处理。

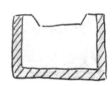

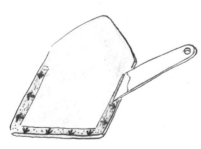

4.最后用缊边器反复滚压黏合的皮面可以使胶水匀称，黏合后更平整，不会产生气泡及虚粘。

橡胶锤

划线器

圆斩

菱斩

平斩

圆斩和菱斩主要用于斩打手缝麻线的针孔，而平斩则是用于斩打供皮线穿过的孔。

圆斩 顾名思义，打出来的孔是圆形的，适合使用圆蜡线缝制。用圆斩打出孔缝线，即使是没有基础的初学者也能轻松缝出整齐的线迹。没有圆斩的话，也可以使用间距轮及1mm直径的圆冲配合打出间距相同的圆形针孔。

菱斩 打出来的孔是菱形的，可以缝出一面波浪形线迹，一面直线线迹。由于正反面的线迹不同，因此更适合有一定基础的皮友使用。

平斩 打出的孔为水平的长条线段，配合偏平的皮线针，宽度3mm的皮线可以轻松穿过。

打斩技巧

划线

在用斩打孔之前，必须先用划线器划出引导线，顺着划出的引导线打孔，就能打出笔直漂亮的缝线孔。

将划线器两脚张开，调节好两脚之间的宽度。一只脚抵着牛皮的侧边，一只脚压在皮面上，划出一条平行于皮革边缘的引导线。

引导线距离皮边缘3mm。距离太宽会影响美观；距离太窄的话，后期打磨边缘时容易造成边缘破损。

圆斩使用技巧

将牛皮置于橡胶垫板上，左手握住圆斩手柄，使之与皮面保持垂直。右手用橡胶锤敲击圆斩尾部。

一般来说，四孔圆斩用于斩打直线条，两孔圆斩用于斩打圆弧及不规则线条，单孔圆斩用于斩打边角。

菱斩使用技巧

菱斩的直线斩打方法与圆斩相同。

遇到拐弯或有弧度的地方，可以用双菱斩打出漂亮的弧度。

遇到转角的时候，不要抵住上一个针孔打下去，而是要量好下一个针孔的位置，重新斩打。

平斩使用技巧

先用单齿平斩在四个角落各打一个孔。然后用四齿平斩从边角开始往中间打斩。

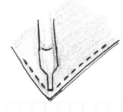

直线部分斩打方法与圆斩相同，用四齿平斩打斩。

双齿平斩用于斩打拐弯或有弧度的地方。

缝 线

白胶

涤纶蜡线

线蜡

芒麻蜡线

打火机

手缝针

缝线坐姿

手缝木夹

坐姿1:
坐在靠背椅上，双脚并拢，可以踩在小板凳上以抬高膝盖高度，然后用膝盖夹住皮革，皮革正面朝向右手边。张开双臂，开始缝线。

麻线上蜡

固定住麻线，然后用手中的线蜡反复刮擦，使麻线每个部位都上到蜡。

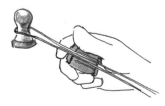

坐姿2:
如果有手缝木夹的话，缝起来会更轻松一些。只要像骑马一样坐在木夹上，就可以开始缝线。

缝线的步骤

第一步　固定手缝针

将蜡线的两头都穿上手缝针。线头一般是针长的1/2。

针尖从蜡线的中间穿过。

抚平蜡线，避免打结。

第二步　直线缝饰

1.将手缝针穿过第一个孔，拉直蜡线的两端，确保两边蜡线的长度相同。

2.先将右手边的蜡线A穿过第二个缝线孔。并将蜡线A向前上方拉紧。

3.然后将左手边的蜡线B从蜡线A的下侧穿过缝线孔。拉紧两侧蜡线。

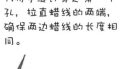 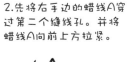

 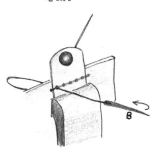

4.按照2、3的步骤继续缝合。要特别注意的是缝线的顺序不能错，保证每一个回合都是先右手蜡线穿过孔的上半部分，然后左手蜡线穿过孔的下半部分。如果这个顺序出错的话，缝出来的线迹就会不整齐。

第三步 回针

缝到最后一个针孔后，再回过
来缝一两针。

牛皮正面那根蜡线多缝一针，
使两根蜡线的线头都留在皮革
背面。

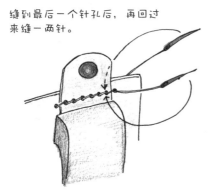
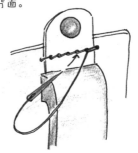

第四步 收尾

棉线或芒麻蜡线的收尾方法

将两根蜡线的根部剪
断，留出大约5mm长
的线头，并将线头纤
维打散。

在线头涂抹白胶，并用
抹胶片把线头捋平。

涂抹白胶的时候，如果
有多余的白胶溢出，要
立即擦除。

←白胶

涤纶蜡线的收尾方法

将两根蜡线的根部剪
断，留出3～5mm长
的线头。线头太长烧
化后会变黑，影响美
观；线头太短黏合度
不够。

用打火机火焰的外焰一点
儿一点儿靠近线头，使之
熔化收缩成一个小球。趁
线头还没凝固的时候马上
用打火机尾部或者大拇指
轻压抹平，使蜡线与线头
融为一体。

两根线头应一个一个按
顺序分开收尾。条件允
许的话，可以用电烙铁
代替打火机。

←3mm

皮线编织

皮线编织的步骤

--- 第一步　固定皮线 ---

用笔刀或裁皮刀将皮线线头切割成倾斜状。

将皮线线头穿过皮线针的尾部圆孔，然后将皮线针尾部轻轻掰开，把线头夹进去，最后用橡胶锤轻轻敲打尾部，使针尾的倒钩固定住皮线。

--- 第二步　编织 ---

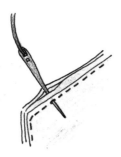

从两片牛皮的夹缝起针。

在第一针的位置环绕一圈。

然后绕到第二针的位置。

缝到转角的时候，在转角的针孔重复绕两次。然后继续按照直边的缝法缝制完成。收尾的时候，将线头塞进两片牛皮的夹缝中，用白胶粘住固定。

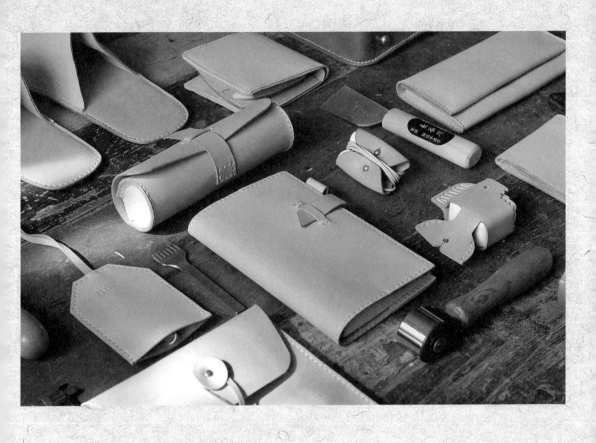

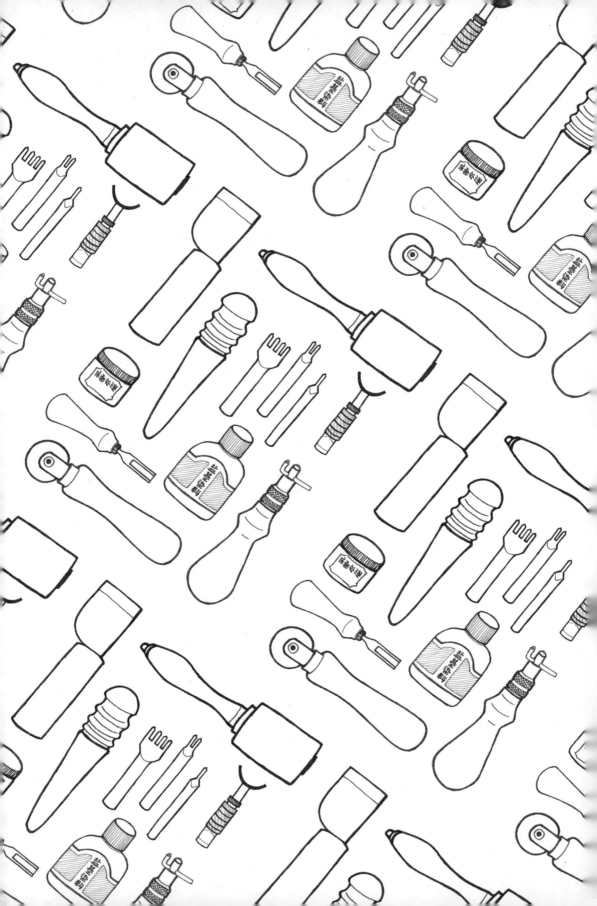

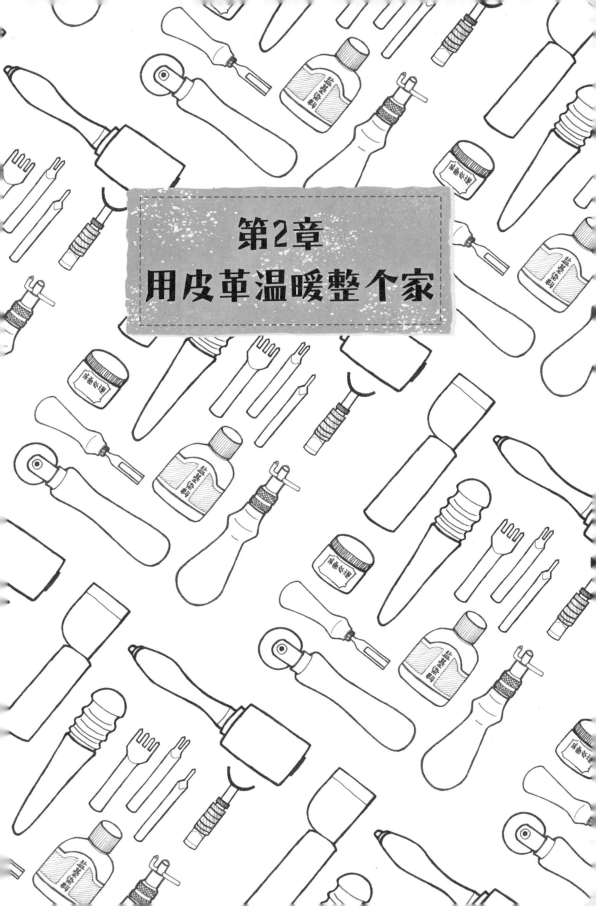

第2章
用皮革温暖整个家

3

4

5

6

开工之前，你需要一条
工作围裙

需要准备的材料
(附实际比例纸型)

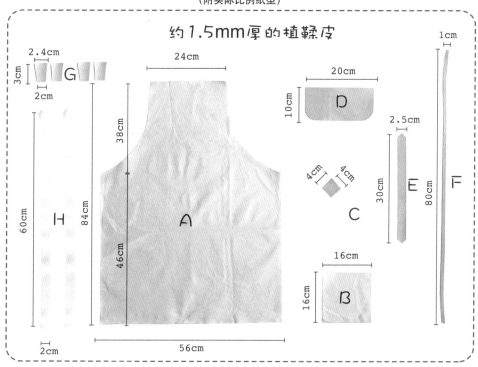

约1.5mm厚的植鞣皮

- 2.4cm
- 3cm
- 2cm
- G
- 24cm
- 38cm
- 84cm
- 46cm
- A
- 56cm
- 60cm
- H
- 2cm
- 20cm
- 10cm
- D
- 4cm
- 4cm
- C
- 2.5cm
- 30cm
- E
- 1cm
- 80cm
- F
- 16cm
- 16cm
- B

配件

气孔 ×2   铆钉 ×1   奶嘴钉 ×1

制作步骤

第一步 制作布口袋

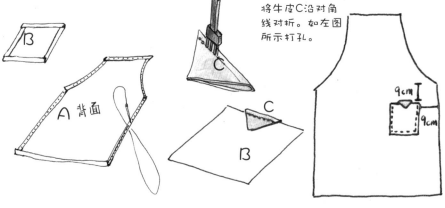

将牛皮C沿对角线对折。如左图所示打孔。

在帆布A的边缘向里折叠1cm的宽度。用针缝一圈。

用牛皮C夹住帆布B，并且按照打好的针孔将B与C缝合。

将帆布B按照图示位置缝合到帆布A上面。

第二步 制作工具插袋

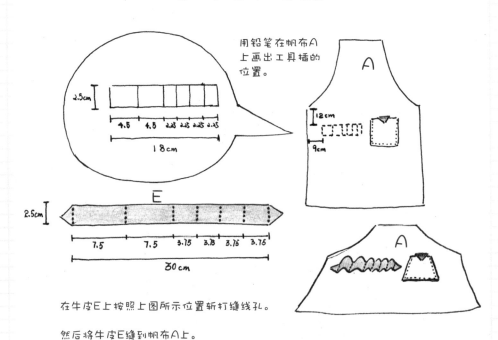

用铅笔在帆布A上画出工具插的位置。

在牛皮E上按照上图所示位置斩打缝线孔。

然后将牛皮E缝到帆布A上。

第三步 制作牛皮口袋

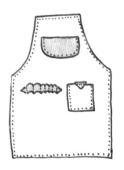

在牛皮D上斩打缝线孔，然后用白胶将牛皮D
固定在帆布A上，用蜡线缝合在一起。

第四步 制作挂脖背带

如图所示，用铆钉将帆布A与牛
皮F的一端连接起来。牛皮F的另
一端打孔，用于扣奶嘴钉。

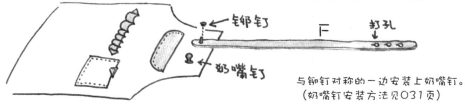

与铆钉对称的一边安装上奶嘴钉。
（奶嘴钉安装方法见031页）

第五步 制作绑带

用牛皮G1和G2夹住绑带的一端，
粘贴缝合。

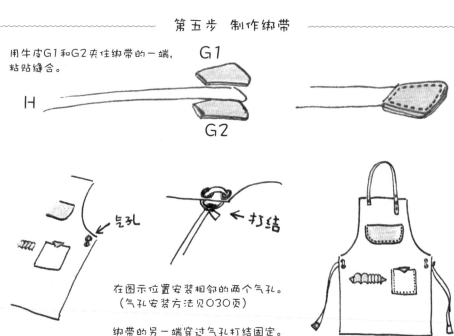

在图示位置安装相邻的两个气孔。
（气孔安装方法见030页）

绑带的另一端穿过气孔打结固定。

舒适柔软的
牛皮家居拖鞋

需要准备的材料

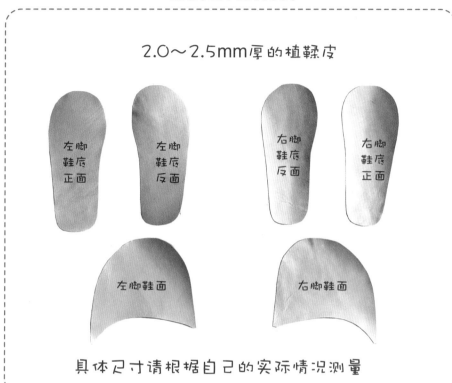

2.0～2.5mm厚的植鞣皮

左脚鞋底正面

左脚鞋底反面

右脚鞋底反面

右脚鞋底正面

左脚鞋面

右脚鞋面

具体尺寸请根据自己的实际情况测量

制作步骤

第一步 测量尺寸

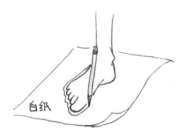

赤足踩在准备好的白纸上。用铅笔将双脚的轮廓勾勒下来。

如上图所示，在勾勒出来的轮廓线往外扩1.5cm。

鞋面呈伞形，以脚尖为中点向两边张开，鞋面张开的宽度越宽，制作出来的鞋背越高。可以根据自己的实际情况绘制鞋面的大小。

第二步 制作鞋底

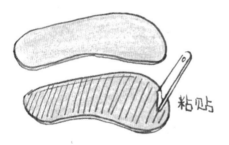

粘贴

将鞋底涂抹白胶，粘贴成一体。

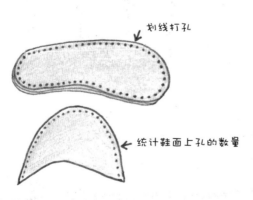

划线打孔

统计鞋面上孔的数量

如图所示，在鞋底和鞋面都斩打缝线孔。

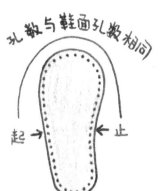

孔数与鞋面孔数相同

起→ ←止

然后数出鞋面上缝线孔的数量。

以鞋底的脚尖为中心，数出与鞋面上相同的孔数，确定缝合鞋面的起止位置。

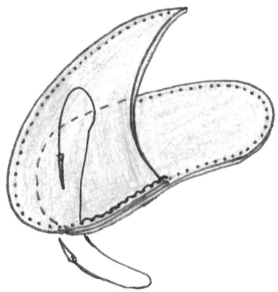

从起点开始缝合。缝合一周。

第三步　修整边缘

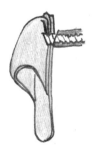

裁皮刀将鞋边缘削平整。

然后用砂纸打磨边缘。

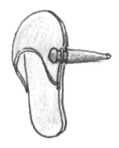

最后涂抹边缘处理剂，用打磨棒打磨光滑。

随手可以拎出去的 **托特包**

需要准备的材料
（附实际比例纸型）

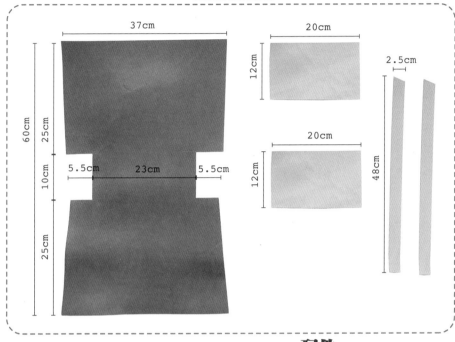

37cm

20cm

2.5cm

12cm

60cm
25cm

5.5cm　23cm　5.5cm

10cm

20cm

12cm

48cm

25cm

配件

拉链 ×1

制作步骤

第一步 制作零钱袋

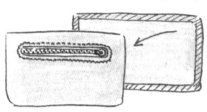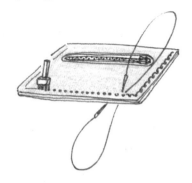

将零钱袋的一面安装上拉链，然后两块牛皮
黏合到一起，三边缝合。
（拉链安装方法见033页）

第二步 制作提手

如图所示，在提手上斩打缝线孔，并且在包身的对应位置也打
上同样尺寸的缝线孔。

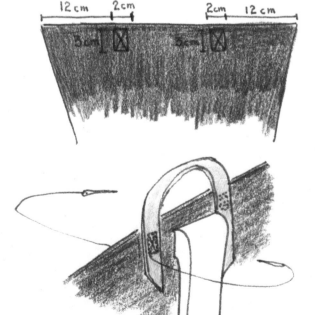

将一边的提手缝
合到包身上。

另一边的提手如下图所示缝线。

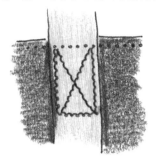

然后将零钱袋与包身缝合到一起。

第三步 缝合包体

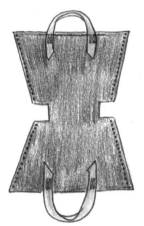

包身两侧提前斩打好缝线孔。缝线孔起止位置需保持一致。

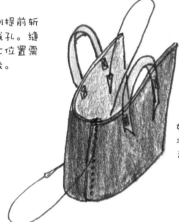

如图所示，将包身缝合起来。

用胶水将包底开口处黏合，用刀将黏合面削平整。并且用砂纸打磨后，涂抹床面处理剂打磨抛光。

将包底黏合处打孔缝合。

牛皮零钱包

需要准备的材料
（附实际比例纸型）

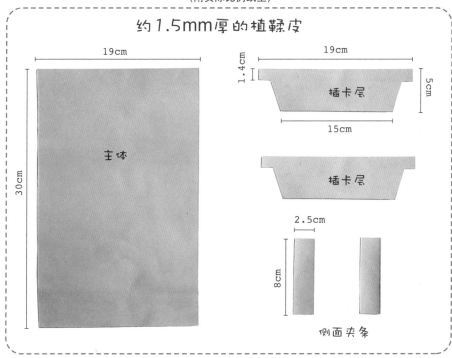

约1.5mm厚的植鞣皮

19cm

主体

30cm

19cm

1.4cm

插卡层

5cm

15cm

插卡层

2.5cm

8cm

侧面夹条

配件

磁铁扣 ×1

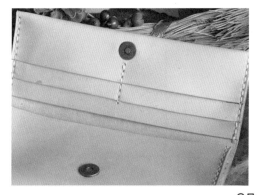

制作步骤

第一步 安装磁铁扣

如图所示，在钱包主体上安装磁铁扣。
（磁铁扣安装方法见032页）

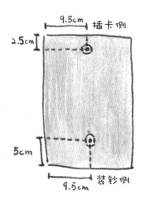

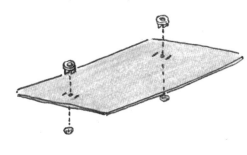

第二步 制作插卡层

抹白胶

插卡层的底部刷上白胶，
如右图所示，粘贴到主体
的插卡侧。

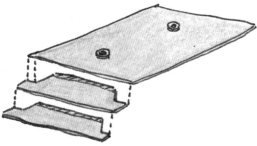

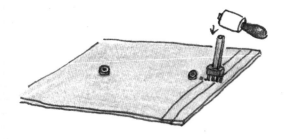

粘贴好插卡层后，测量出中线，
沿着中线划线、打斩、缝合。

皮面

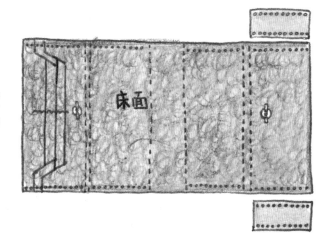

如右图所示，将侧面夹条两侧对齐打孔，并且在主体的装钞侧两边打上同样数量的缝线孔。

将钱包主体翻到背面（床面），如下图所示，将两块侧面夹条粘贴到钱包主体的两侧。

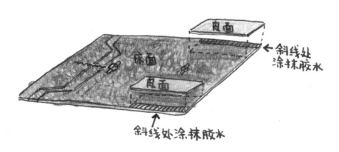

用蜡线沿着打好的针孔缝合。

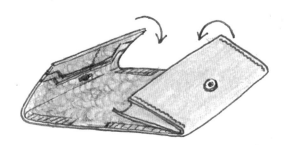

将钱包主体的装钞侧与插卡侧分别向里对折，用胶水粘住固定后，沿着打好的针孔缝合完成。

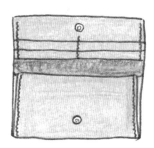

会叮当作响的 **皮铃铛**

需要准备的材料

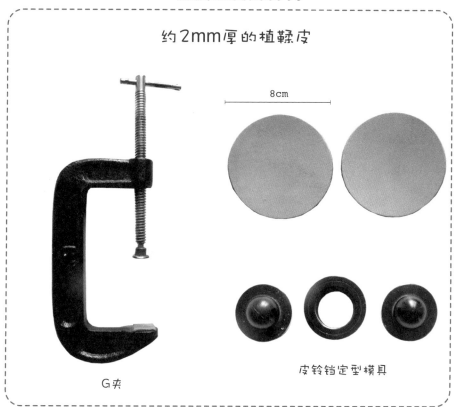

约2mm厚的植鞣皮

8cm

G夹

皮铃铛定型模具

配件

带环奶嘴钉 ×1

制作步骤

第一步 定型

将牛皮泡水里使之湿润。
如下图所示顺序，将牛皮
夹进模具。

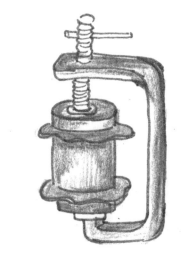

用G夹夹紧定型。

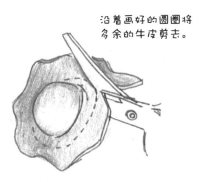

约5小时后，打开模具，取出已经压
成半球形的牛皮，放入烤箱，150℃
烤10分钟，取出放凉。

第二步 剪切

沿着画好的圆圈将
多余的牛皮剪去。

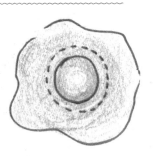

距离半球边缘5mm画一个圆圈。

第三步 打孔

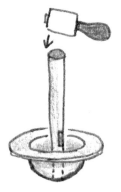

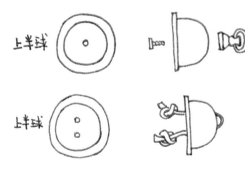

如右图所示，用铅笔在上下两个半球内侧标记出打孔的位置，并用直径3mm的圆冲打孔。

然后，上半球安装上带环奶嘴钉，或者拴上皮绳。下半球用笔刀在两孔之间豁出开口。

第四步 组合、打磨、上色

如下图所示，在斜线位置涂抹白胶，中间放一个金属小铃铛，然后将两个半球黏合到一起。

 ← 金属铃铛

 ← 涂抹白胶

用研磨片打磨边缘后，再用削边器将翻卷的边缘削平整。

边缘修整好之后，就可以用水性染料或者油质染料给皮铃铛上色了。

用水性染料上色时需要注意，必须等上一遍染料干燥之后再上第二遍染料。以防牛皮过于湿润导致开胶或变形。

最后涂抹边缘处理剂，用打磨棒打磨抛光。

可以挂在包上的
钥匙包

需要准备的材料

（附实际比例纸型）

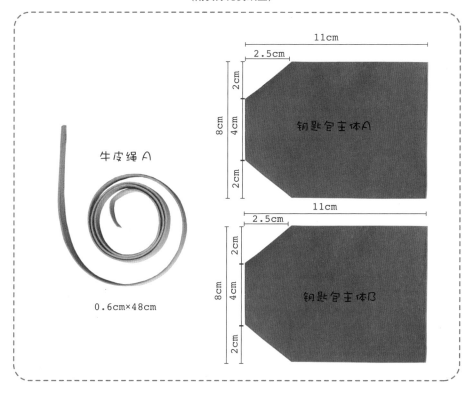

牛皮绳A

0.6cm×48cm

11cm

2.5cm

2cm

8cm

4cm

2cm

钥匙包主体A

11cm

2.5cm

2cm

8cm

4cm

2cm

钥匙包主体B

配件

钥匙环 ×1

铆钉 ×2

制作步骤

第一步 安装钥匙环

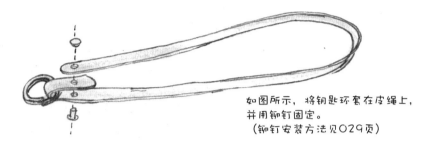

如图所示，将钥匙环套在皮绳上，并用铆钉固定。
（铆钉安装方法见029页）

第二步 组合

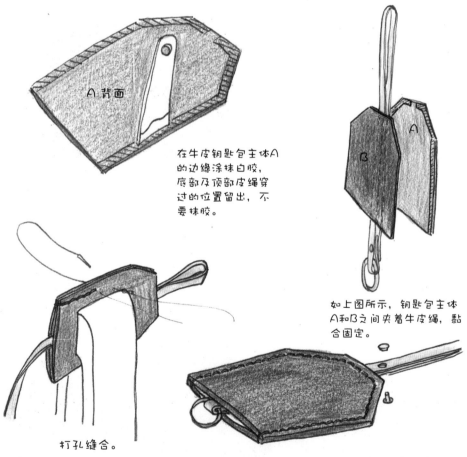

在牛皮钥匙包主体A的边缘涂抹白胶，底部及顶部皮绳穿过的位置留出，不要抹胶。

如上图所示，钥匙包主体A和B之间夹着牛皮绳，黏合固定。

打孔缝合。

牛皮绳往上拉紧，将钥匙环拉到钥匙包的底端，然后在皮绳靠近顶端的位置打孔安装铆钉。

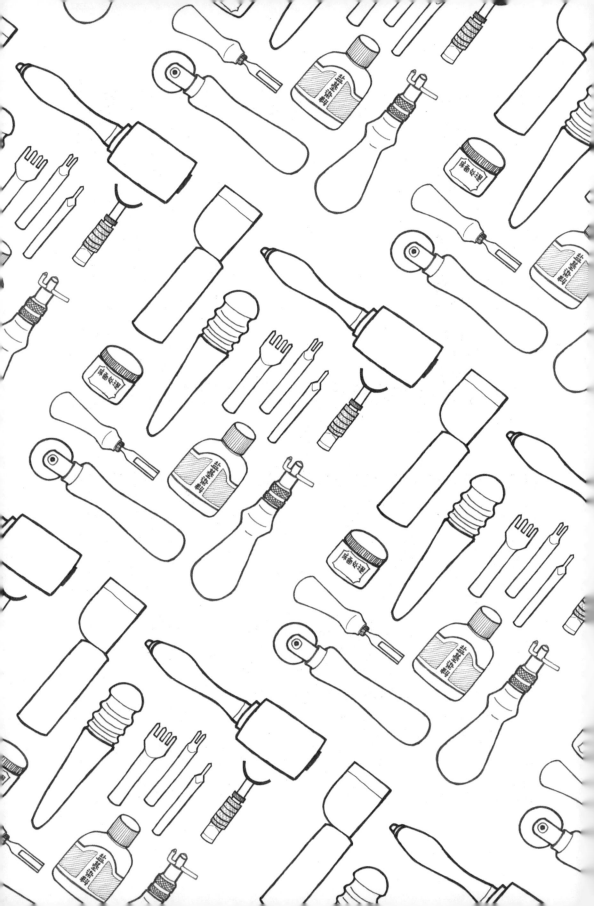

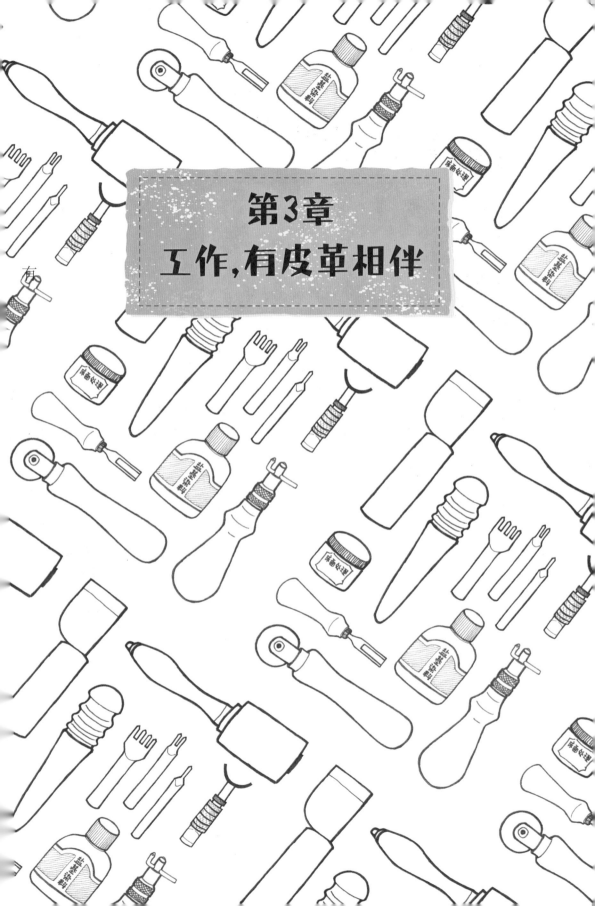

第3章
工作,有皮革相伴

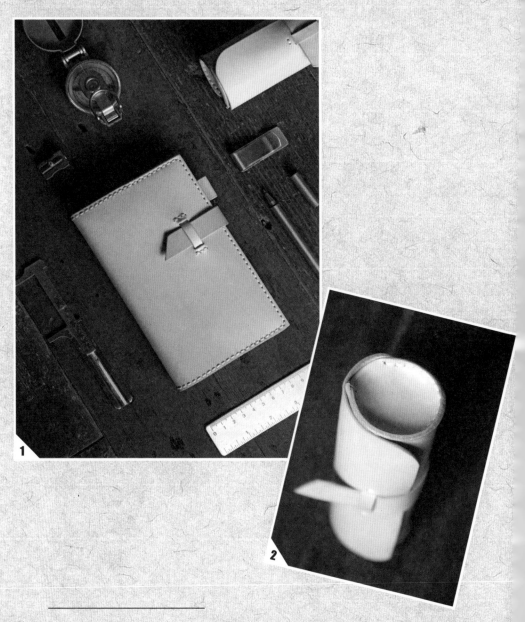

1.牛皮书衣

2.圆筒笔袋

3.牛皮档案袋

4.耳机收纳

5.小鱼充电器收纳

心爱的书本，
应当有件 牛皮书衣

需要准备的材料

（附实际比例纸型）

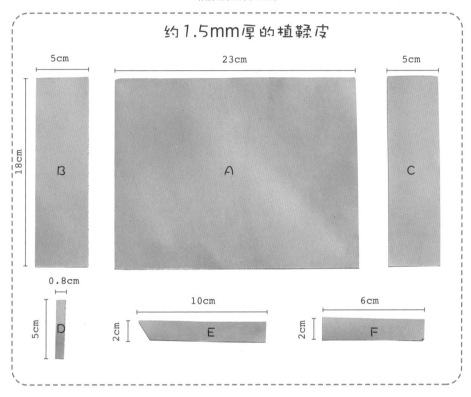

约1.5mm厚的植鞣皮

5cm

23cm

5cm

18cm

B

A

C

0.8cm

5cm

D

10cm

2cm

E

6cm

2cm

F

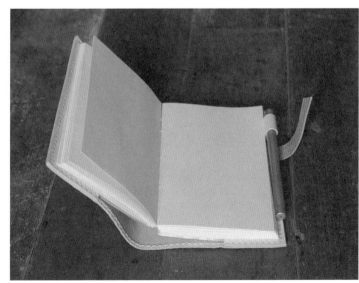

制作步骤

第一步 安装扣带

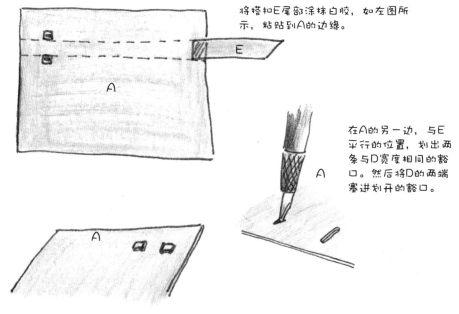

将搭扣E尾部涂抹白胶，如左图所示，粘贴到A的边缘。

在A的另一边，与E平行的位置，划出两条与D宽度相同的豁口。然后将D的两端塞进划开的豁口。

如下图所示，打孔缝线，将D固定。

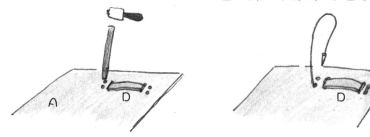

第二步 制作牛皮笔夹

斜线处涂抹白胶

将牛皮对折，用白胶固定。

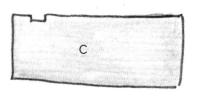

在牛皮C的边缘切开一个0.8cm×2cm的方形开口，用于放置牛皮笔夹F。

第三步 组合

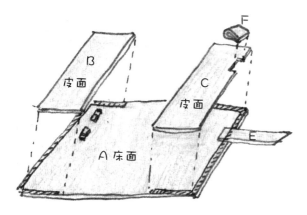

按照左图顺序，将牛皮
A、B、C、D、E、F组
合到一起，用白胶粘贴
固定。

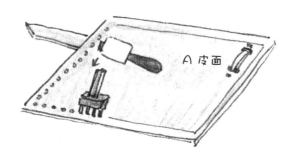

沿着牛皮A的边缘，
斩打出缝线孔。

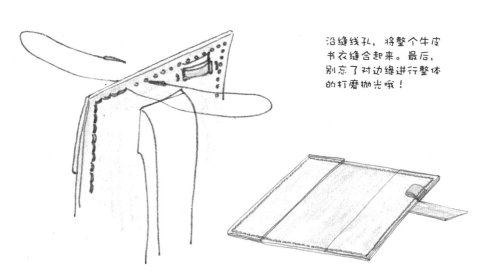

沿缝线孔，将整个牛皮
书衣缝合起来。最后，
别忘了对边缘进行整体
的打磨抛光哦！

把漂亮的文具都放进

圆筒笔袋

需要准备的材料
(附实际比例纸型)

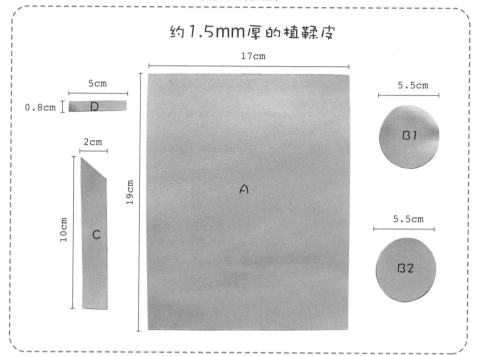

约1.5mm厚的植鞣皮

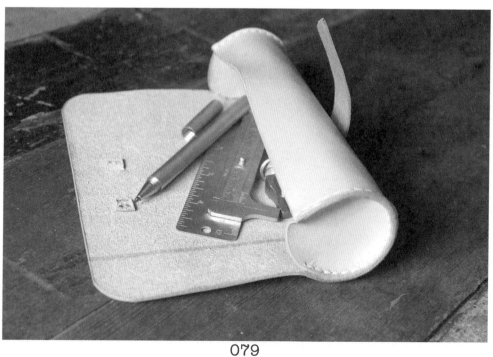

制作步骤

第一步　安装扣带

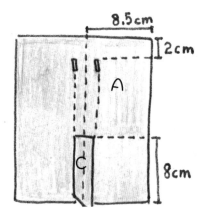

8.5cm

2cm

A

C

8cm

如左图所示，将牛皮C粘贴到牛皮A上。

并且在与牛皮C平行的另一端，用笔刀切开两条豁口。豁口宽度与牛皮D的宽度相同。

在牛皮C与牛皮A黏合的部分斩打出方形的缝线孔，用蜡线缝合。

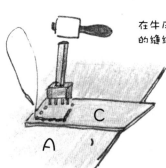

另一边，将牛皮D两端塞进切开的豁口，然后两头打出缝线孔，缝合固定。

第二步　打孔缝线

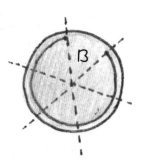

B

将两侧的圆形牛皮B平均分成六份。其中5/6的边缘划线打孔，剩余1/6的边缘保持原样。

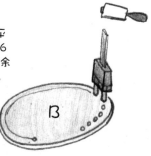

B

孔数与B的孔数相同

从安装扣带C的一侧开始，两边斩打缝线孔。缝线孔的数量必须与圆形牛皮B的缝线孔数量相同。

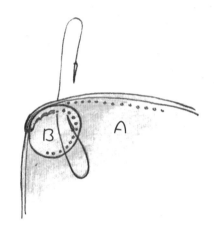

将两侧的圆形牛皮B1、B2与牛皮A缝合到一起。

第三步　修整边缘

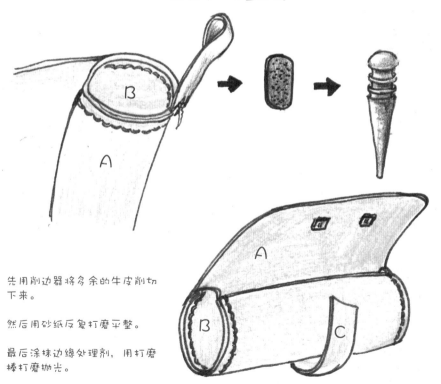

先用削边器将多余的牛皮削切下来。

然后用砂纸反复打磨平整。

最后涂抹边缘处理剂，用打磨棒打磨抛光。

把平板电脑放进
牛皮档案袋

需要准备的材料
（附实际比例纸型）

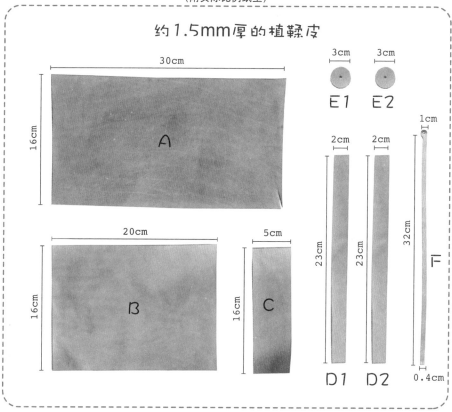

约1.5mm厚的植鞣皮

30cm

16cm

A

3cm   3cm

E1   E2

1cm

2cm   2cm

20cm

16cm

B

5cm

16cm

C

23cm   23cm

32cm

F

0.4cm

D1   D2

配件

铆钉 ×2

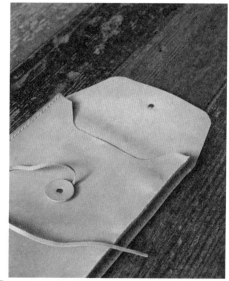

制作步骤

第一步 剪切

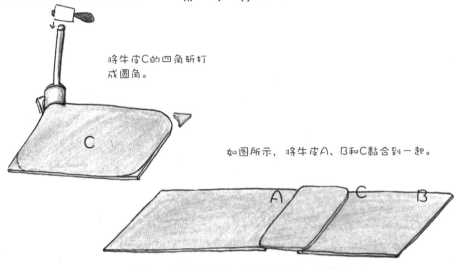

将牛皮C的四角斩打成圆角。

如图所示，将牛皮A、B和C黏合到一起。

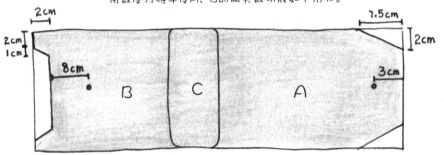

用裁皮刀将牛皮A、B的两头裁切成如下形状。

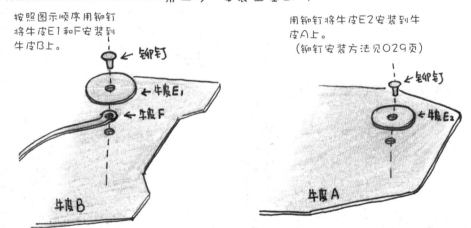

第二步 安装五金配件

按照图示顺序用铆钉将牛皮E1和F安装到牛皮B上。

用铆钉将牛皮E2安装到牛皮A上。
（铆钉安装方法见029页）

← 铆钉
← 牛皮E1
← 牛皮F
牛皮B

← 铆钉
← 牛皮E2
牛皮A

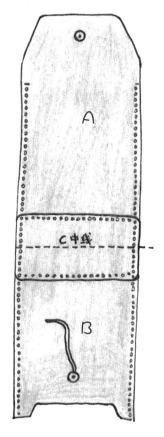

以牛皮C的中线为界，分别向两侧斩打出相同数量的缝线孔。

牛皮D的一端斩打成半圆形。从半圆的一端中点为界，沿两边斩打缝线孔。确保牛皮D的缝线孔的数量与牛皮A、B、C单侧边缘的孔总数相同。

先将牛皮C与牛皮A、B黏合的两条边用蜡线缝合。

然后再将牛皮D1、D2分别缝合到档案包的两侧。

最后，别忘了将边缘进行整体打磨抛光哦！

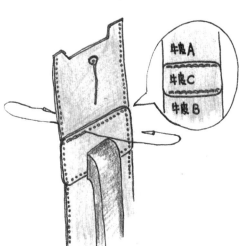

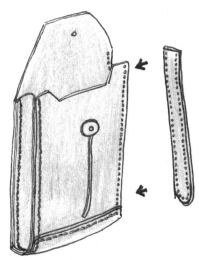

告别杂乱无章的工作——
耳机收纳

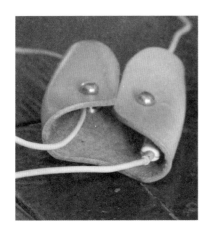

需要准备的材料
（附实际比例纸型）

约1.8mm厚的植鞣皮

6cm

9cm

配件

奶嘴钉 ×2

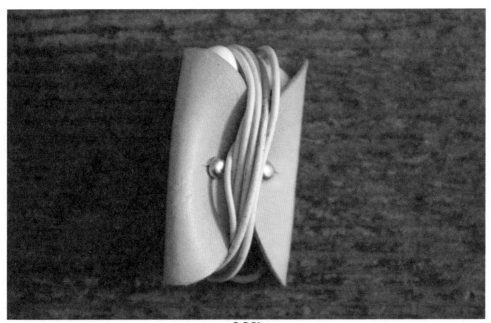

制作步骤

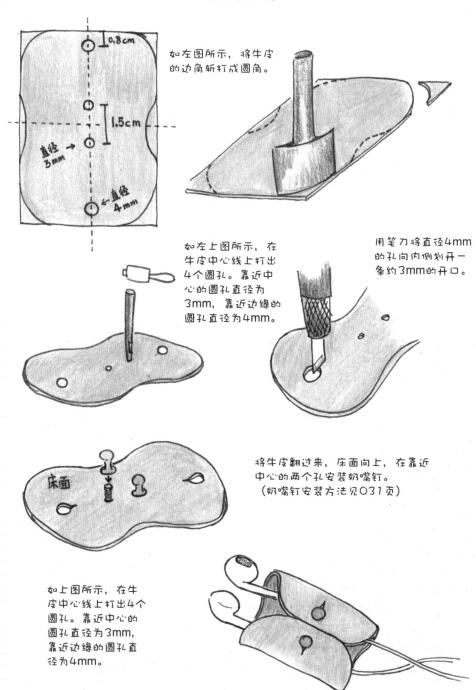

0.8cm

1.5cm

直径 → 3mm

←直径 4mm

如左图所示，将牛皮的边角斩打成圆角。

如左上图所示，在牛皮中心线上打出4个圆孔。靠近中心的圆孔直径为3mm，靠近边缘的圆孔直径为4mm。

用笔刀将直径4mm的孔向内侧划开一条约3mm的开口。

床面

将牛皮翻过来，床面向上，在靠近中心的两个孔安装奶嘴钉。
（奶嘴钉安装方法见031页）

如上图所示，在牛皮中心线上打出4个圆孔。靠近中心的圆孔直径为3mm，靠近边缘的圆孔直径为4mm。

告别杂乱无章的工作——
小鱼充电器收纳

实际尺寸图

约 1.8mm 厚的植鞣皮

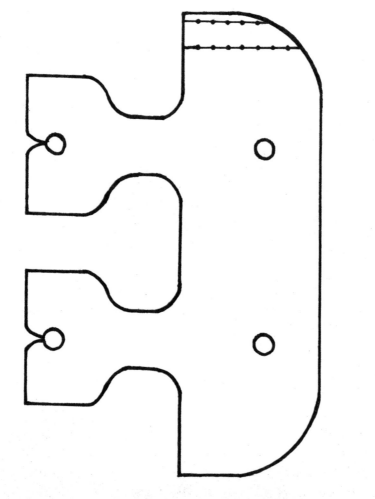

请用硫酸纸（描图纸）将图案描摹下来，制作成纸型。

制作步骤

斜线处涂抹胶水黏合

将牛皮沿中线对折，如上图所示，在鱼鳍及鱼尾两侧的部位（即斜线处）涂抹白胶，黏合固定。

在小鱼的鱼鳍部位斩打出两排缝线孔，鱼尾两侧各斩打出一排缝线孔。

将鱼尾缝合。

鱼鳍缝制方法

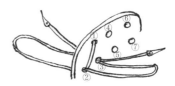

从孔①起针，分别将两针穿过孔②，继续缝向孔③。

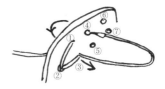

保持左手针不动，右手针穿过孔④后，回到孔③。

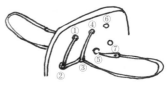

然后两针再从孔③缝向孔⑤。按照这个顺序，完成鱼鳍的缝合。

实际尺寸图

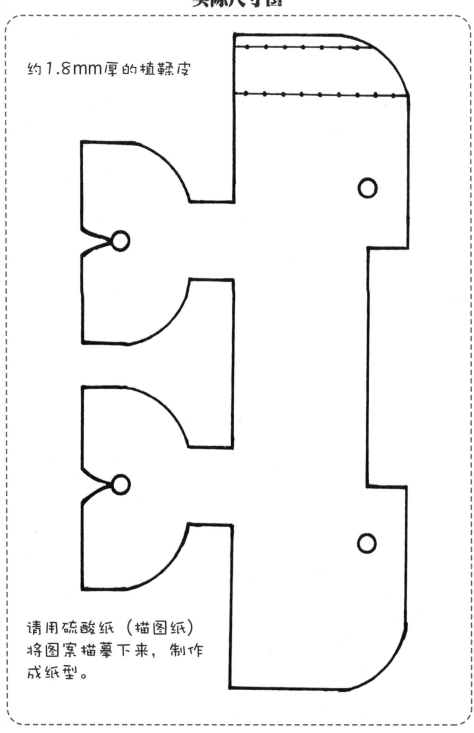

约1.8mm厚的植鞣皮

请用硫酸纸（描图纸）将图案描摹下来，制作成纸型。

制作步骤

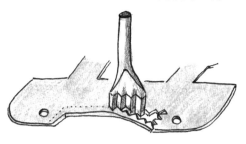

用狗牙斩将小鱼的嘴部斩打成锯齿状。没有狗牙斩的话，也可以用裁皮刀直接将牛皮裁切成锯齿状。

鱼鳍缝制方法

从孔①起针，分别将两针穿过孔②，继续缝向孔③。

保持左手针不动，右手针穿过孔④后，回到孔③。

然后两针再从孔③缝向孔⑤。按照这个顺序，完成鱼鳍的缝合。

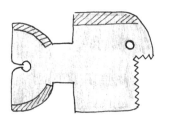

将牛皮沿中线对折，如上图所示，在鱼鳍及鱼尾两侧的部位（即斜线处）涂抹白胶，黏合固定。

在小鱼的鱼鳍部位斩打出两排缝线孔，鱼尾两侧各斩打出一排缝线孔。

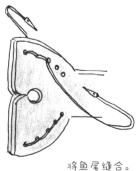

将鱼尾缝合。

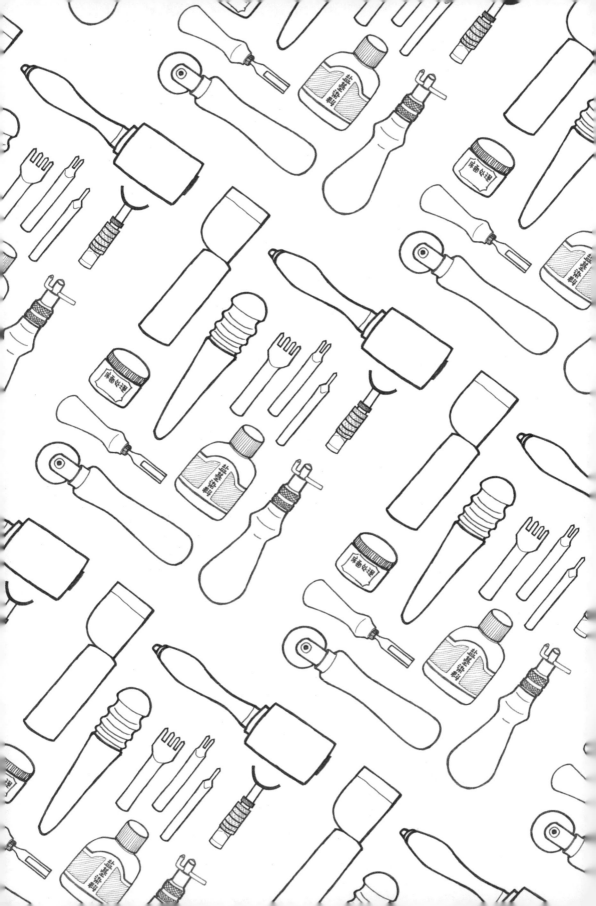

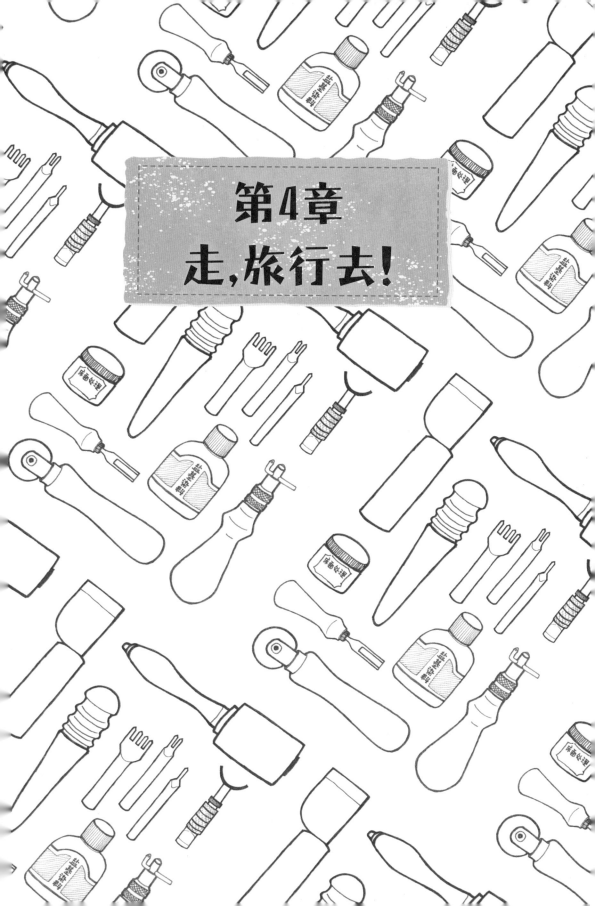

第4章
走,旅行去!

1.相机背带

2.剑桥包

3.植鞣皮表带

相机背带

需要准备的材料

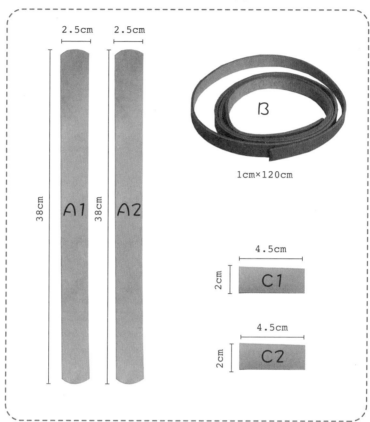

2.5cm 2.5cm

38cm A1 38cm A2

B

1cm×120cm

4.5cm
2cm C1

4.5cm
2cm C2

配件

奶嘴钉 ×2

制作步骤

第一步　制作背带加强部分

用1cm宽的椭圆方冲在牛皮A1的两端打出两道开口。没有椭圆方冲的话，可以用笔刀切割出两道1cm宽的开口，开口两端用打孔器打出两个圆孔，以防开口撕裂。

如下图所示，将牛皮B穿过A1两端的开口，然后将A2四周涂抹胶水，把A1、A2粘贴固定。要注意防止夹在其中的B沾染到胶水。粘好后，可以左右拉扯牛皮B，确保其能自由移动。

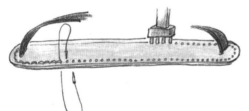

沿着A1的边缘打孔后，用蜡线缝合。打孔缝合的时候要注意避开牛皮B，防止将牛皮B也一起缝进去。

第二步　制作搭扣

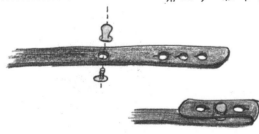

如上图所示，在距离牛皮B的两端约6cm的位置各斩打一个直径3mm的圆孔，用来安装奶嘴钉。然后再打几个4mm的孔，用笔刀切开2mm长的切口。

如上图所示，将牛皮D对折，套在奶嘴钉的上侧，缝合起来。

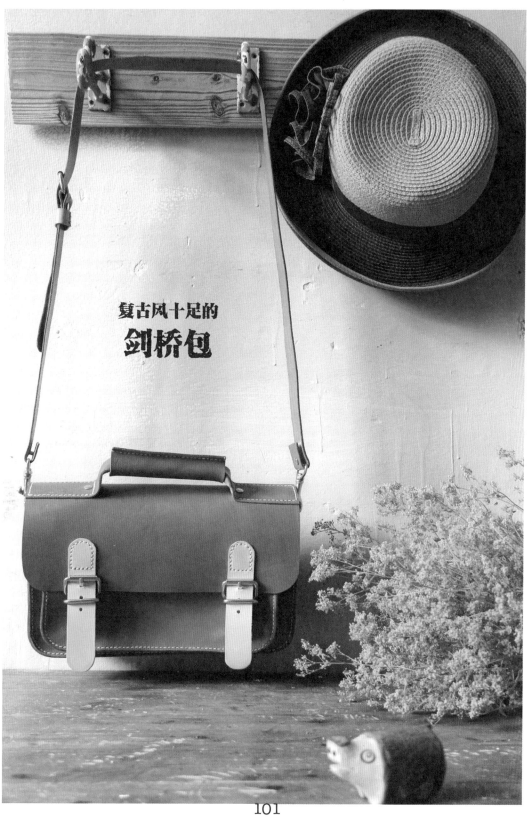

复古风十足的
剑桥包

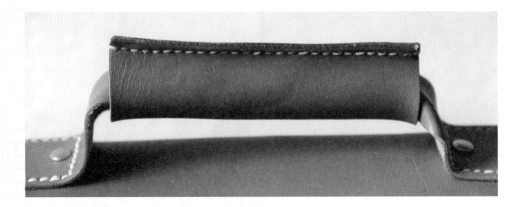

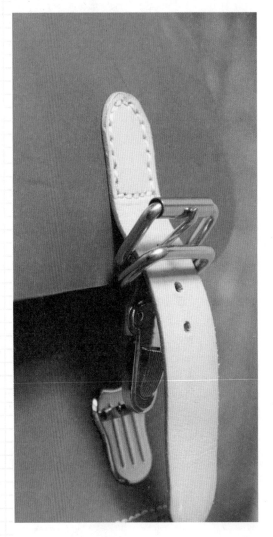

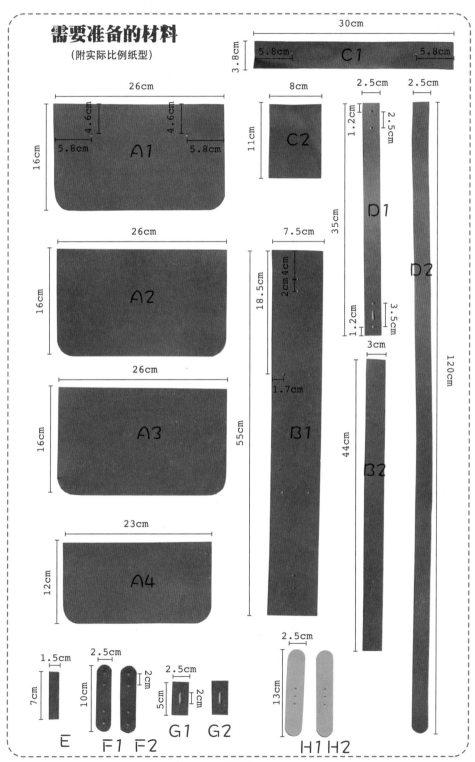

需要准备的材料
（附实际比例纸型）

C1　30cm　5.8cm　5.8cm　3.8cm

A1　26cm　16cm　4.6cm　4.6cm　5.8cm　5.8cm

C2　8cm　11cm

D1　2.5cm　1.2cm　2.5cm　1.2cm　3.5cm　35cm

D2　2.5cm　120cm

A2　26cm　16cm

B1　7.5cm　2cm 4cm　18.5cm　1.7cm　55cm

A3　26cm　16cm

B2　3cm　44cm

A4　23cm　12cm

E　1.5cm　7cm

F1 F2　2.5cm　10cm　2cm

G1　2.5cm　2cm　5cm

G2

H1 H2　2.5cm　13cm

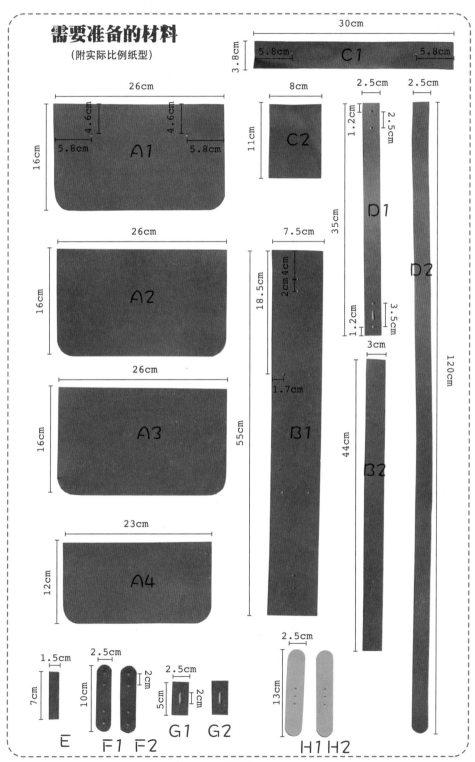

配件

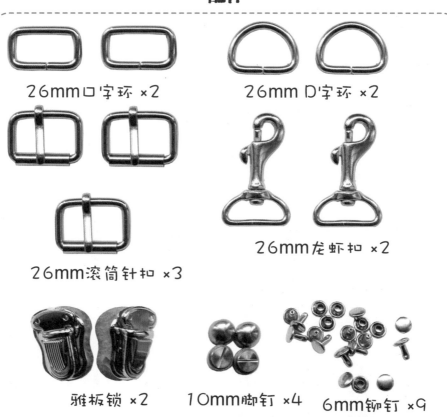

26mm口字环 ×2

26mm D字环 ×2

26mm滚筒针扣 ×3

26mm龙虾扣 ×2

雅板锁 ×2

10mm脚钉 ×4

6mm铆钉 ×9

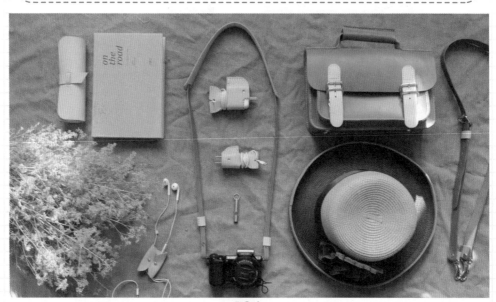

制作步骤

第一步　制作包盖部分

1.如下图所示，将提手裹皮C2夹住提手牛皮C1，将提手裹皮打孔缝合固定。

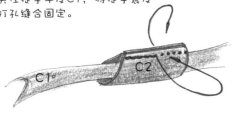

2.用铆钉将提手C1的两端固定在包盖A1的顶部。

3.如左图所示，提手C1与包盖A1连接部分，划线打斩，并且缝合固定。

5.将扣带粘贴到包盖A1上，位置如下图。连接部位打孔缝合固定。

4.如右图所示位置，在扣带H1、H2上各打3个直径3mm的圆孔。

2.5cm

2cm

1.5cm

1.5cm

H1

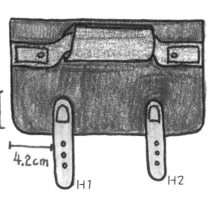

5.5cm

4.2cm

H1　　H2

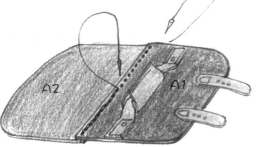

A2　　A1

6.如左图所示，将包盖A1与包身A2缝合到一起。

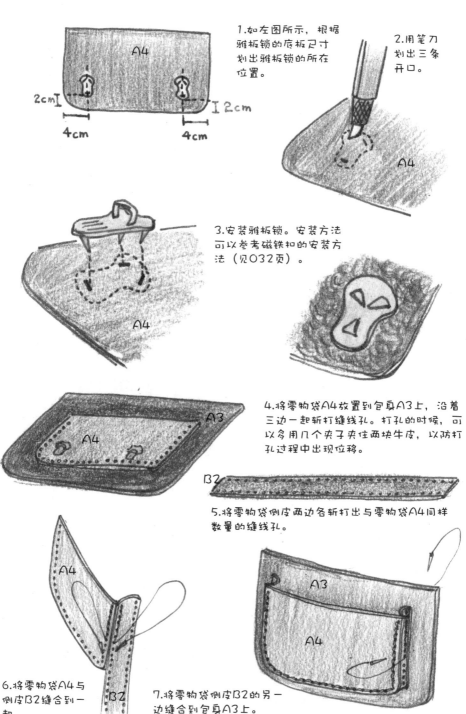

爱皮革 —— 质感皮具轻松做

1.如左图所示，根据雅板锁的底板尺寸划出雅板锁的所在位置。

2cm 4cm   2cm 4cm

2.用笔刀划出三条开口。

A4

A4

3.安装雅板锁。安装方法可以参考磁铁扣的安装方法（见032页）。

A4

4.将零物袋A4放置到包身A3上，沿着三边一起斩打缝线孔。打孔的时候，可以多用几个夹子夹住两块牛皮，以防打孔过程中出现位移。

A3

A4

B2

5.将零物袋侧皮两边各斩打出与零物袋A4同样数量的缝线孔。

A4

A3

A4

B2

6.将零物袋A4与侧皮B2缝合到一起。

7.将零物袋侧皮B2的另一边缝合到包身A3上。

106

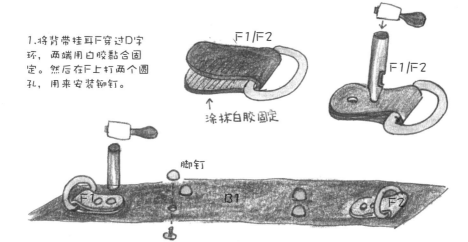

1.将背带挂耳F穿过D字环，两端用白胶黏合固定。然后在F上打两个圆孔，用来安装铆钉。

涂抹白胶固定

脚钉

2.将F1、F2用铆钉固定在侧条B1上。同时，将4个脚钉也安装上去。

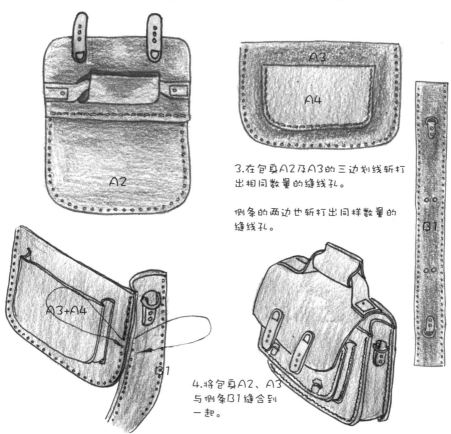

3.在包身A2及A3的三边划线斩打出相同数量的缝线孔。

侧条的两边也斩打出同样数量的缝线孔。

4.将包身A2、A3与侧条B1缝合到一起。

D1

1.如左图所示，将滚筒针扣的针脚穿过背带D1的长条豁口，包裹住带针脚的一边，用铆钉固定。

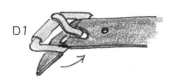

D1

E

2.将E的两端各打3个缝线孔，包住背带D1，缝合固定。

3.背带D1的另一端穿过龙虾扣，用铆钉固定。

D1

4.在背带D2方头的一端安装上龙虾扣，用铆钉固定。圆头的一端每间隔3cm打一个圆孔，用于调节背带长度。

D2

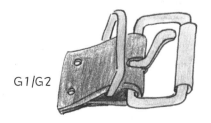

G1/G2

5.如左图所示，将滚筒针扣的针脚穿过G1/G2的长条豁口，包裹住带针脚的一边，然后将口字环也套进G1/G2，涂抹白胶固定。并且打两个直径2mm的圆孔，用于固定雅板锁的插锁。

6.如下图及右图所示，将雅板锁的插锁部分安装到G1/G2上。

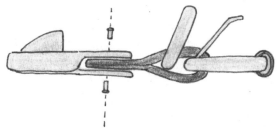

G1/G2

108

为冰冷的手表带来一丝温暖的
植鞣皮表带

需要准备的材料

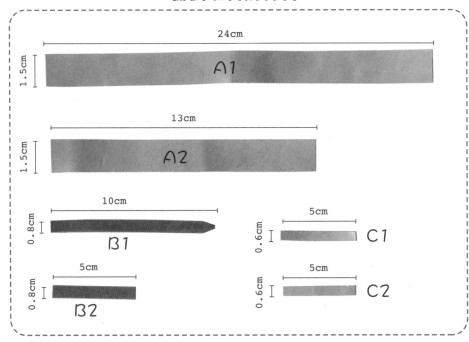

24cm

1.5cm

A1

13cm

1.5cm

A2

10cm

0.8cm

B1

5cm

0.6cm

C1

5cm

0.8cm

B2

5cm

0.6cm

C2

配件

15mm滚筒针扣 ×1

制作步骤

第一步 制作表带长带

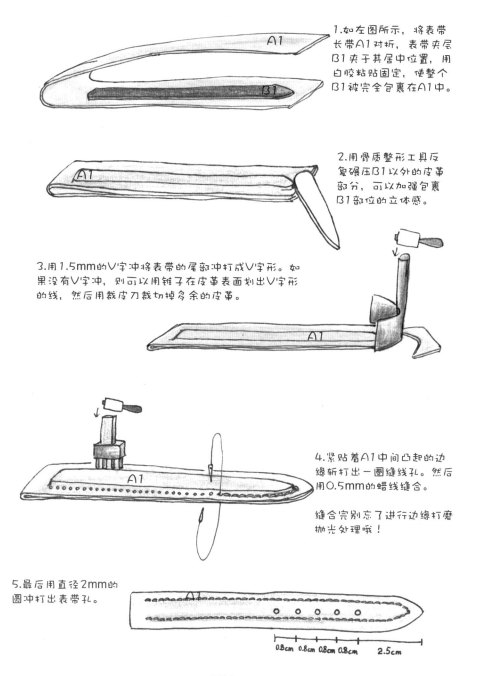

1.如左图所示，将表带长带A1对折，表带夹层B1夹于其居中位置，用白胶粘贴固定，使整个B1被完全包裹在A1中。

2.用骨质整形工具反复碾压B1以外的皮革部分，可以加强包裹B1部位的立体感。

3.用1.5mm的V字冲将表带的尾部冲打成V字形。如果没有V字冲，则可以用锥子在皮革表面划出V字形的线，然后用裁皮刀裁切掉多余的皮革。

4.紧贴着A1中间凸起的边缘斩打出一圈缝线孔。然后用0.5mm的蜡线缝合。

缝合完别忘了进行边缘打磨抛光处理哦！

5.最后用直径2mm的圆冲打出表带孔。

0.8cm 0.8cm 0.8cm 0.8cm 2.5cm

111

1.将A2对折，B2居中置于其中。A2一端留出3.7cm的长度用于安装滚筒针扣。

1.5cm 1cm 1.2cm

3.7cm

2.如上图尺寸，在A2预留出来的一端斩打出约1cm长的豁口。

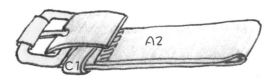

3.将C1/C2的两端各打3个缝线孔，缝合固定。

4.如上图所示，先将C1套进A2安装滚筒针扣的一端，然后再安装滚筒针扣。用白胶将末端粘贴固定。

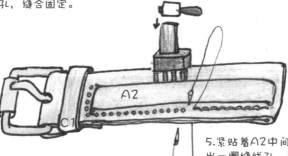

5.紧贴着A2中间凸起的边缘斩打出一圈缝线孔。然后用0.5mm的蜡线缝合。

缝合完别忘了进行边缘打磨抛光处理哦！